LETTRE

A MONSIEUR ARAGO

SUR LES MÉMOIRES

RELATIFS A LA THÉORIE DE L'ŒIL

PRÉSENTÉS A L'ACADÉMIE DES SCIENCES,

PAR M. L.-L. VALLÉE,

OFFICIER DE LA LÉGION D'HONNEUR,
INSPECTEUR DIVISIONNAIRE DES PONTS ET CHAUSSÉES.

PARIS.

IMPRIMERIE DE FAIN ET THUNOT,

RUE RACINE, 28.

—

1846.

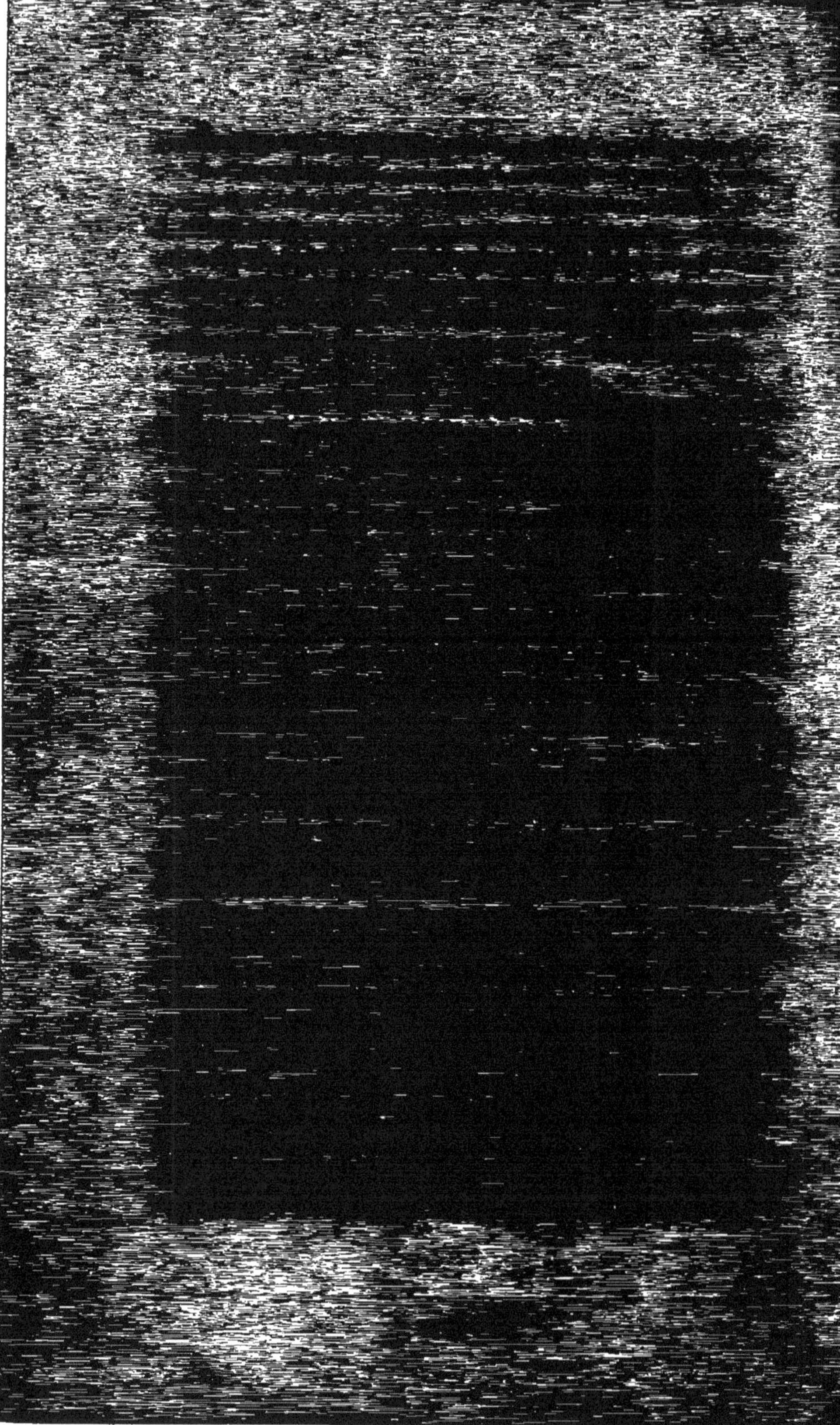

LETTRE A M. ARAGO.

Paris, le 10 mars 1846.

MONSIEUR,

Je viens, comme auteur, me défendre contre vous : c'est une dure nécessité.

Vous êtes puissant par votre mérite, Monsieur ; vous l'êtes par votre position ; vous l'êtes encore par une dialectique redoutable ; enfin, vous l'êtes par les nombreux amis que vos brillantes qualités associent à vos succès.

Je compte toutefois sur leur impartialité, et même sur leur approbation. La plupart se sont attachés à vous par admiration pour les services que vous rendez à la science. Eh bien ! qu'ils considèrent que l'Institut, créé pour nos progrès en France, l'est aussi pour celui du monde entier ; qu'ils voient bien que si nous avons besoin d'un centre où toutes les connaissances humaines se rencontrent, la civilisation réclame aussi l'existence de ce centre ; que, sous ce rapport, la France et le monde ont

1846

un même intérêt ; que le progrès dépend de ce qui se fait à Paris, et conséquemment, pour les sciences physiques et mathématiques, de la conduite que vous tenez. Or, vos amis conviendront après m'avoir lu, que l'on peut vous reprocher, ou bien une manière vicieuse de comprendre l'Académie, ou tout au moins des erreurs, des manque de mémoire, des distractions qui, si vous pouviez les éviter, vous rendraient un secrétaire perpétuel plus propre encore que vous ne l'êtes à votre haute mission.

Peut-être cette lettre vous conduira-t-elle à vous observer davantage. Je suis, je l'avoue, bien faible pour rendre à la science un aussi grand service, mais j'ai un excellent auxiliaire, et cet auxiliaire c'est vous, vous-même ; car vous me fournirez tous les faits : je n'ai eu qu'à les enregistrer.

Il y a vingt-cinq ans, Monsieur, que nos dissidences sur la vision ont commencé. Vous aviez fait le rapport sur ma *Géométrie descriptive* et vous vous occupiez de celui de *la science du Dessin*. Qu'on veuille bien lire ces rapports et l'on reconnaîtra que, parmi les chaires nombreuses que vous pouviez parfaitement remplir, celle de Monge était sans doute celle à laquelle vous conveniez le moins.

On doit peut-être regretter que vous l'ayez obtenue. En enseignant, avec un grand talent oratoire, des choses qu'il a paru que vous ne saviez pas toujours, la préférence du *savoir bien dire* sur le *savoir à fond* a pu naître chez vous, et de là une certaine habitude de substituer quelquefois dans vos avis les préventions à la justice. En cela vous différez essentiellement de Monge (1).

---

(1) M. Arago doit lire bientôt un éloge de Monge : on ne peut pas douter que cet éloge ne soit digne du grand homme et du secrétaire perpétuel ; mais on peut se dire que, pour achever son œuvre, M. Arago a dû se défier de lui. Comparez les deux professeurs et voyez-les pendant la leçon. L'un est clair, profond, admirable ; l'autre, plein de science et d'esprit, excelle dans l'art de rapprocher les faits ; il en fait jaillir la lumière, la surprise et quelquefois des merveilles ; mais on se sent près du pays des fées. Si je les considère après la leçon, le premier s'intéresse aux jeunes

Vous n'aimez pas, comme lui, à pénétrer dans les difficultés de la géométrie, vous les évitez, et vous condamniez en 1821, sans vouloir examiner rien, les 3ᵉ et 4ᵉ livres de *la Science du dessin*, dont l'un contient la vision. Dans votre rapport, ces deux livres sont exclus de l'approbation que vous donniez à mon travail et que vous ne pouviez guère lui refuser, Prony et Fourrier étant commissaires avec vous. Blessé de cette exclusion, je ne mis pas votre rapport en tête de ma première édi-

---

gens comme à une découverte; l'élève qui vient lui soumettre ses difficultés trouve un camarade, un ami; le second craint qu'on ne voie où finit son savoir, il est difficile, il ergote, il s'arme de critique et de sarcasmes, et si l'élève n'est pas circonspect, il faudra qu'il s'en aille en faisant à ses dépens rire les flatteurs. Quant à la jeunesse, Monge n'avait pas les mêmes idées que M. Arago. Sur une question quelconque, le premier s'en rapportait à l'avis de douze élèves de l'école polytechnique choisis par leurs camarades, et M. Arago, si je ne me trompe, voudrait, dans un tel cas, nommer les douze élèves lui-même, les présider et choisir le rapporteur. Je pourrais citer d'autres différences bien établies et plus saillantes, mais je serais conduit trop loin. Je me hâte de dire qu'à l'époque où nous sommes, on ne peut guère se méprendre sur le caractère de Monge. Les notes et souvenirs de plusieurs élèves, la *Notice* de Brisson, l'*Essai historique* de M. Charles Dupin qui, par ses ouvrages de géométrie et de mécanique, comme par ses travaux d'ingénieur, a prouvé qu'il eût été, plus que M. Arago, capable d'occuper la chaire d'analyse appliquée, peignent bien notre maître, et donnent l'idée de cette bonté grave, de cette affection caressante, de cette tendre sollicitude qui, jointes au génie, portaient à son comble, chez Monge, le don de l'enseignement. M. Arago, riche de documents dont il sait disposer avec verve, avec talent, ajoutera encore, je l'espère, des traits de vérité à l'un des plus beaux caractères de la grande époque où Monge vouait ses veilles à la science, à la défense de la patrie, à l'école polytechnique.

Je serai heureux de voir cet éloge. Je me suis de bonne heure intéressé aux succès de M. Arago. Il est entré à l'école au moment où j'en sortais. Trois ans après, je suivais avec lui et avec Dulong, dès lors mon ami et depuis le sien, le cours de M. Biot, au collége de France. Dans des temps malheureux, il mérita la reconnaissance de tous les élèves, en recueillant Monge chez lui. Peu de temps après, je dédiais mon premier ouvrage au créateur de la géométrie descriptive, et, à cette occasion, il donnait ses dernières marques de sensibilité. On comprend que, de telles circonstances, et d'autres analogues, devaient établir entre M. Arago et moi de bons sentiments et des relations faciles. Pourquoi ces bons sentiments n'ont-ils pas prévenu nos débats? Je ne sais. On verra si j'ai des reproches à me faire. Peut-être me dira-t-on que, tout au moins, je devais m'abstenir: non, répondrai-je; je me suis donné la mission d'approfondir la théorie de l'œil; pendant trente ans j'ai consacré les moments dont j'étais maître à cette mission, et si M. Arago fait défaut à la science, je dois accomplir un travail de plus, c'est d'exposer les choses et d'en appeler, contre lui, aux savants, ses juges et les miens.

tion. C'était une protestation bien innocente, et toutefois manifest.

J'en appelai à de nouvelles recherches; mais je ne pouvais pas désirer de vous avoir pour juge.

Par malheur, il y avait baucoup de bonnes raisons pour que je ne pusse pas vous éviter. En ce qui concerne la vision, vous aviez une certaine célébrité; déjà sur ce sujet vous aviez été l'un de mes commissaires; vous aimiez à figurer partout, et votre vaste érudition vous rendait propre à être utile partout : vous fûtes donc désigné pour l'examen de mon mémoire présenté à l'Académie le 23 juillet 1839. MM. Magendie, Pouillet et Sturm furent les autres commissaires. Comme le plus ancien vous aviez la présidence.

J'allai chez vous, et je vous trouvai tel que vous étiez 20 ans auparavant. « *On ne devait pas*, disiez-vous, *avoir confiance* » *dans mes calculs..... on ne pouvait guère rendre compte à l'A-* » *cadémie d'un pareil Mémoire.....* » Cependant vous vouliez bien m'offrir de vous charger d'un rapport quand tous mes mémoires seraient faits. C'était admettre des communications journalières entre nous, et je devais être flatté de votre offre; j'aurais pu, comme plusieurs de mes amis, voir de temps en temps mon nom associé au vôtre; mes travaux auraient été soutenus, et la science aurait pu y gagner. Je n'acceptai point.

En sortant de chez vous j'allai chez M. Pouillet, dont je n'avais pas l'honneur d'être connu. Il me reçut avec cette bienveillance qu'ont les véritables savants pour les hommes qui dévouent leurs veilles à l'étude, et après avoir parcouru mon mémoire et causé de mes calculs, sur lesquels je ne lui cachai pas votre objection, il me promit de faire le rapport. J'eus ensuite avec lui plusieurs conférences. Il m'indiqua des additions utiles; il me communiqua ses notes, et il eut égard à quelques observations que je lui fis, uniquement dans l'intérêt de la science et nullement en ce qui concernait ses conclusions, dont j'avais d'autant plus à me louer que jamais il n'en avait été question entre lui et moi.

M. Sturm voulut examiner mon Mémoire chez lui. Il donna des éloges à mon travail ; il approuva les conclusions du rapport ; il le signa, et M. Magendie l'ayant aussi approuvé, il vous fut remis.

Vous ne pensâtes pas, monsieur, comme vos collègues. Vous gardiez le rapport et vous le blâmiez : toutefois je n'ai jamais entendu dire que vous ayez appuyé votre blâme sur aucun fait.

MM. Pouillet et Sturm m'exprimèrent plusieurs fois leurs regrets. Ils pensaient que si vous consentiez au rapport, ce ne serait qu'à la condition de n'insérer dans le recueil des savants étrangers qu'un extrait du Mémoire. Je n'avais là-dessus aucune opinion à émettre : je demandais en tout et pour tout qu'on rendît compte à l'Académie.

Fatigué d'être éconduit, je vous adressai une lettre rédigée avec l'intention de la livrer au besoin à la publicité, et à la séance suivante, le 16 novembre 1840, vous aviez signé le rapport et M. Pouillet en faisait la lecture.

Après cette lecture, MM. Biot et Poinsot ayant fait quelques observations sur la difficulté de soumettre l'œil au calcul, M. Pouillet répondit ; et par l'effet d'un zèle, dû sans doute au changement que venait de subir votre manière de voir, vous joignîtes votre voix à la sienne en ma faveur.

On pourrait penser, Monsieur, que de votre part c'était une affaire de tactique. On peut croire aussi que c'était conviction.

Le 7 décembre suivant, je présentai mon second Mémoire. Il fut renvoyé aux mêmes commissaires. M. Pouillet voulut bien encore, sur ma demande, se charger du rapport. Et votre bienveillance pour moi semblant se maintenir, vous m'offrîtes de

faire vous-même la présentation de mon troisième Mémoire.
Cette présentation eut lieu pendant ma tournée annuelle de
service, le 17 mai 1841. Vous voulûtes bien l'accompagner de
paroles très-obligeantes pour l'auteur.

Mais ici commencent de singuliers incidents.

Vous fîtes observer à l'Académie qu'il y avait beaucoup de
physiologie dans mes recherches, et vous demandâtes qu'on ad-
joignît un physiologiste à la commission. Vous auriez dû vous
souvenir qu'elle en avait un, M. Magendie. Vous auriez dû re-
marquer que le premier Mémoire contenait plus de physiologie
que les suivants. Vous vous étiez trouvé en dissidence avec vos
collègues ; vous vous étiez ensuite converti à leur manière de
voir, et c'étaient autant de choses qui devaient aider votre mémoire. Elle ne fut pas heureuse en cette circonstance. Si vous
aviez su qu'il fallait vous en défier, vous auriez dû peut-être, de
crainte d'erreur, vous faire renseigner sur la manière dont se
trouvait formée la commission : cette pensée ne vous vint probablement pas.

M. Serres qui présidait, qui portait intérêt à mon travail, et
qui venait de vous entendre parler avantageusement de mes
recherches, s'adjoignit à la commission. Le compte rendu té-
moigne de ces faits (1) ; ils me furent confirmés à mon retour de
tournée par plusieurs personnes, et par M. Serres lui-même.

Mais quelle fut ma surprise en apprenant par un de vos collègues, que, sur le procès-verbal de la séance, on avait rayé
les noms de MM. Magendie et Sturm, et introduit celui de
M. Babinet...... de M. Babinet dont il n'avait pas été question !
Je ne pouvais le croire. On me conduisit au secrétariat, et je
vis le procès-verbal, dans lequel sont désignés pour commis-

---

(1) Il porte, page 891 : commission précédemment nommée, à laquelle est ad-
joint M. Serres.

saires MM. Arago, Serres, Pouillet et Babinet. Me voilà convaincu. Or, considérez que la commission primitive comptant un astronome, un physiologiste, un physicien et un géomètre, elle se trouvait très-rationnellement formée. Pourquoi la changer? Auriez-vous été poussé, à votre insu, par le sentiment vague d'une répulsion inspirée peut-être par vos dissidences avec elle? Pourquoi y introduire M. Babinet? Est-ce parce que vous aviez une grande confiance en lui? Mais ses collègues rayés, naguère en dissidence avec vous, avaient-ils donc démérité? De plus, c'est au président et non à vous de nommer les commissaires. Il y a là bien des fautes : vous le reconnaîtrez.

Et combien sont insolites les choses combinées par vous! Conformément aux procès-verbaux, pièces qui font loi, je me trouve avoir deux commissions, l'une formée de MM. Arago, Magendie, Pouillet et Sturm, pour le second mémoire, et l'autre, pour le troisième, de MM. Arago, Serres, Pouillet et Babinet.

L'usage veut, avec raison, que les commissaires chargés de l'examen d'un mémoire soient ceux qui examinent la suite de ce mémoire. Sera-t-il rationnel, en effet, que MM. Serres et Babinet délibèrent sans savoir ce que pensent sur le même sujet MM. Magendie et Sturm? Que MM. Magendie et Sturm n'aient pas connaissance du travail de MM. Serres et Babinet? Enfin, que les uns et les autres aient à craindre un désaccord réel ou apparent? Avouez-le, vos deux commissions, que vous ne vous empresserez pas, à beaucoup près, de faire réunir, sont un grand embarras jeté par vos inadvertances dans la question qui m'intéresse. Il y a des hommes, Monsieur, qui font métier de brouiller, d'obscurcir, de compliquer, d'entraver, d'arrêter les affaires; avec vos distractions, votre manque de mémoire, votre défaut d'attention, ne craignez-vous pas de ressembler à ces hommes?

J'allai vous voir, fort peu satisfait que j'étais, et je vous trouvai, je le dis avec franchise, tout plein de bon vouloir. Suivant » vous, «..... *il n'y avait dans tout cela rien de bien fâcheux.....*

» *on réunirait les commissions..... je pouvais voir M. Babinet*
» *de votre part... . j'en serais fort content..... il ferait le rap-*
» *port..... et au besoin vous vous en chargeriez.* »

Je ne me décourage pas ; je vais chez M. Babinet. Il est en effet très-obligeant pour moi. Bientôt j'ai rendez-vous toutes les semaines chez lui. Il aime mes ouvrages ; il me les demande ; je les lui donne ; nous en causons ; nous causons de ses travaux ; nous examinons mes recherches sur l'œil ; il les apprécie ; selon lui j'ai trouvé ce que l'on cherchait depuis si longtemps ; il va faire le rapport sur mon troisième mémoire, et il est si bien disposé qu'il m'offre aussi d'être mon rapporteur pour le second mémoire, M. Arago se chargeant de faire décider la réunion des deux commissions.

Que ferai-je ? Je ne puis guère douter des excellentes dispositions de M. Babinet. Il prend en réalité l'engagement de faire le rapport, ce qui montre qu'il est sûr du concours de M. Arago..... Je vais chez M. Pouillet, auquel je dis ce qui se passe. Occupé de son travail sur les monnaies, il est obligé de différer mon rapport, et il me donne le conseil d'accepter l'offre de M. Babinet. Je reprends donc mon second mémoire, sur lequel nous avions eu déjà plusieurs conférences, et le lendemain M. Babinet s'en trouve saisi.

Mais quelque temps après la scène change : *M. Arago,* suivant M. Babinet, *ne voudra jamais consentir au rapport.....* Sur ce nouveau contre-temps, qu'on devait si peu prévoir, je dis à M. Babinet que je me suis donné trop de peine pour reculer ; que je viderai le calice jusqu'à la lie ; que je ne ploierai pas devant la domination de M. Arago ; que je me plaindrai par la voie de l'impression ; que je serai riche de faits singuliers, et qu'il ne sera pas inutile que ces faits soient connus des savants. Courage, me dis-je ; courage plus que jamais !

Une place d'académicien libre étant vacante par la mort de M. Peltier ; je me présente, comme on dit, *pour prendre rang.* Il est d'usage dans ce cas de faire les rapports qui intéressent

les concurrents, afin que leurs droits soient mieux appréciés:
il faudra donc que l'on s'occupe des miens. M Babinet se montre disposé favorablement; toutefois il ne fait rien. A la séance
du 17 nov. 1842, je demande qu'on presse mes rapports, et je
crois que cette demande fera décider la réunion des commissions.
Non. Vous ne pensez nullement à réparer vos fautes touchant
ces commissions; vous ne dites mot. M. Babinet se tait égale-
ment. Mais le compte rendu, ce jour-là, étant fait par M. Flou-
rens, on y mentionne le désir que j'ai d'obtenir les rapports
avant le remplacement de M. Peltier. En résultat, je n'obtiens
pas la réunion que j'espérais, et l'inertie de M. Babinet con-
tinue.

Arrive l'examen des titres des candidats. Pour toute élection,
la brigue s'exerce: vous êtes donc sous les armes, et vous dites
à l'Académie que *si l'on ne fait pas mes rapports c'est par bienveillance pour moi.* Ah! par bienveillance pour moi! C'est donc
là cette bienveillance si souvent mise en avant! Mais, les commissions ont-elles délibéré? Non. M. Pouillet, avec lequel j'ai
eu plusieurs conférences, aurait-il été consulté? Non. C'est donc
uniquement le vif intérêt que vous me portez qui vous fait parler
ainsi : vous vous persuadez qu'on ne peut examiner mon travail
sans y trouver de grands vices, et vous voulez ménager ma
réputation. Il y a là, permettez-moi de le dire, de la bienveillance singulièrement entendue et une confiance en soi qu'on
ne met pas en avant d'ordinaire avec autant d'outrecuidance.

Par des erreurs semblables à celles que vous faites, m'aurait-on
mal rapporté vos paroles? En ce cas, rétablissez les faits, réta
blissez-les hautement; car les apparences sont contre vous, et
si vous vous sentez blessé en ce qui vous concerne, vous devez
l'être encore plus en voyant que je ne le suis pas moins. Mais,
en admettant qu'on ne se soit pas trompé sur vos paroles, votre
opinion, même sur des sujets plus graves, changeant quelquefois, aujourd'hui peut-être vous ne les prononceriez pas. Si cela
était, je vous prierais de les désavouer prochainement. Quand
on voit qu'on a induit le public en erreur, il est bien d'en con-
venir; et comme, avec une conscience timorée, on doit être un

des premiers à reconnaître qu'on s'est trompé, il ne faut pas attendre pour le désaveu, ainsi que cela vous est arrivé tout récemment, que tout le monde ait vu la faute.

Mais, agir contre moi par votre singulière bienveillance n'était sans doute pas assez, et vous m'avez aussi fait un reproche auprès de l'Académie, c'est, avez-vous dit, *de m'être plaint du bureau*. A cela je réponds, monsieur, qu'il n'y a jamais eu que vous au bureau dont je n'aie pas eu à me louer, et que jamais un mot de plainte n'est venu de moi contre vous, si ce n'est devant M. Babinet, jusqu'à ces derniers temps (1).

Enfin, l'élection a lieu le 7 novembre 1842, et j'obtiens une voix sur les onze qui se distribuent entre les candidats portés en seconde ligne. Permettez que j'offre ici mes remercîments à l'académicien qui, n'ajoutant pas foi à ce que vous aviez dit contre ma candidature, voulut bien me donner son vote.

Ma position, quant à la théorie de l'œil, est évidemment devenue bien mauvaise. Réclamerais-je l'insertion ordonnée de mon premier Mémoire dans le recueil des savants étrangers? Non, car vous ne voulez pas en entendre parler; vos anciennes idées contre ce Mémoire paraissent revivre, et elles seraient très-certainement plus fortes que moi. Je me suis d'ailleurs interdit toute visite chez vous; je ne veux même pas mettre le pied dans votre cabinet de l'Institut. Ce n'est pas le moyen de vous ramener à moi; je le sais parfaitement. Je n'ai donc d'autre parti à prendre que de publier mon travail et d'y joindre une plainte. J'en préviens M. Babinet, dont j'ai à me louer sous bien des rapports, et contrairement à mes espérances son zèle renaît. Ce zèle va me jeter bientôt dans des démarches fatigantes; mais je me suis promis d'aller jusqu'au bout.

---

(1) En citant une pièce, j'avais écrit qu'elle n'était pas mentionnée au compte rendu, et la susceptibilité de M. Arago a pris, je crois, ce renseignement utile pour un blâme adressé au bureau. En admettant que ce soit un blâme, et ce n'en est pas un, il ne tombe que sur lui et non pas sur le bureau.

Je viens chez lui tous les vendredis pendant le dernier trimestre de 1843. Il se met sérieusement à l'œuvre, et d'abord il veut voir le premier Mémoire pied à pied. A quoi bon, puisque l'Académie a prononcé? Non Il veut connaître à fond les choses. Peut-être aussi est-il curieux d'apprendre s'il doit adopter le jugement de l'auteur du premier rapport. Enfin, il a fini son examen; et il obtient la satisfaction d'être parfaitement d'accord avec M. Pouillet : « Il aurait, me dit-il, formulé les mêmes conclusions. » Mais tout cela vient de prendre un mois.

Nous passons à l'examen du second Mémoire. De temps en temps vous apparaissez à M. Babinet comme une puissance intraitable... Il ne peut pas croire que vous demandiez jamais la réunion des commissions... Mon premier Mémoire ayant été offert à l'Académie le 4 décembre, et quelques jours auparavant adressé à tous les académiciens, les opinions qui m'avaient été défavorables avaient dû se modifier, et, pour tranquilliser M. Babinet, j'essayai de solliciter la réunion dont il s'agit. Elle fut ordonnée le 11 décembre 1843. Remarquez bien ce que porte le compte rendu, page 1302 : « M. Vallée, qui avait » adressé successivement deux Mémoires qui avaient été ren- » voyés chacun à une commission différente, demande que les » deux commissions soient réunies, afin que le rapport puisse » porter sur l'ensemble du travail. Cette demande étant accor- » dée, la commission se compose de MM. Arago, Magendie, » Serres, Pouillet, Sturm et Babinet. »

Ainsi se trouve établi de nouveau qu'il y avait bien deux commissions. On voit de plus que vous, président de chacune d'elles, qui aviez composé la dernière contrairement aux usages, vous n'aviez pas, à la séance du 17 octobre 1842, sans doute par une de ces distractions qui ne sont pas absolument rares chez vous, saisi l'occasion de réparer la faute que vous aviez faite.

Rien à présent ne doit arrêter M. Babinet : nous marchons. Il vous rend compte de nos entretiens, et vous faites quelques objections dont j'ai parlé pages 204 et suivantes. Je réponds à ces objections. Mais la troisième vous parait très-forte :

M. Babinet y croit ; je le presse de voir l'expérience ; on prend jour ; je prépare tout chez moi ; il ne vient pas ; on prend un autre jour ; enfin, cet autre jour, le 28 décembre, il voit les faits. Le voilà convaincu.

Je lui avais remis une ébauche de rapport ; il l'avait corrigée, et il ne lui restait plus que deux ou trois petites additions à y faire, dont une pour rendre compte de l'expérience précitée et une autre relative à l'expérience du n° 299, que je lui avais fait faire par occasion le 28. Il va terminer : ce sera pour lundi ; puis pour l'autre lundi. Je vais chez lui, sur sa demande, le 14 janvier ; puis le 21 ; puis le 26, et il m'ajourne au 28.

Mais je lui écris le même jour, 26, que je vois assez qu'il ne me reste qu'une voie, celle de la publication de ma plainte, et que j'adopte cette voie. Je fais une lettre que je me proposais alors de joindre à ma préface, et je vous l'adresse le 16 février 1845. Cette lettre-ci, comme vous pouvez le voir, n'est guère que la reproduction de celle du 16 février.

Le 11 mars suivant, M. Ch. Dupin présidait : je lui remets mon second Mémoire pour l'Académie, et vous vous hâtez de prendre la parole. Vous faites l'éloge de mes ouvrages ; vous témoignez de vos regrets de ce que le rapport n'a pas été fait ; vous demandez que la commission soit *stimulée* et qu'on la presse de rendre compte du 3e Mémoire. Le président accueille votre demande. Vous venez, Monsieur, avec M. Babinet, me témoigner à ma place ordinaire, de tout votre zèle, et je vous exprime vivement, devant mes voisins, le sentiment de répulsion que tout cela m'inspire.

Votre zèle n'ira pas loin. En effet, vous disposez du compte rendu de la séance, et puisque vous voulez des *stimulants* (j'emploie un mot que vous aimez), on doit penser que vous ne manquerez pas d'y insérer la décision prise : c'en sera un bien innocent, que vous avez sous la main. Non : il faut croire que ce serait trop stimulant, et il y a peut-être, dans la science, des cas où l'on doit, autant qu'on le peut, étouffer toute publicité. Bref, le compte rendu est muet.

Ainsi, vous, président de la commission, qui pouvez l'assembler et user en cela d'un stimulant toujours respecté, vous vous abstenez. Puis, mon Mémoire étant offert à l'Académie, c'est une occasion que vous saisissez pour la prier d'ordonner ce que vous avez, vous, le pouvoir et le devoir de faire ; vous demandez qu'on vous stimule. Bien, vous voilà stimulé. Vous allez donc agir ? Non. Et comment cela ? Apparemment que vous faites de nouvelles reflexions ; vous apercevez peut-être un péril dont la science serait menacée... on pourrait faire un second rapport qui me fût favorable... Non, non, la commission ne sera pas assemblée. En effet, comme si vous deveniez un tout autre homme en quittant l'auditoire académique, vous ne vous souvenez plus qu'il y a lieu de la convoquer : vous ne la convoquez pas.

Ajouterai-je que vous motiviez votre demande d'un rapport sur ce que j'étais en dissidence avec les physiciens. *Avec les Physiciens!* Aurais-je eu le malheur de nier les lois de la réflexion ou de la réfraction ? Non ; je n'ai pas fait de si gros péchés, mais j'ai pu en commettre de petits. Aurais-je dit que le bolide monstrueux du 27 octobre 1844 (1) avait dû tomber dans la mer auprès de Rennes, comme si, entre autres choses, les ondulations causées par ce grain de sable n'avaient dû rider qu'à peine l'Océan, ne submerger ni embarcations ni campagnes, et passer inaperçues ? Aurais-je demandé, après avoir fait plusieurs expériences, qu'une commission fut créée en toute hâte pour examiner la jeune fille qui, par son approche, renversait des meubles

---

(1) Il a été question de ce bolide à la séance de l'Académie du 14 avril 1845 (V. le compte rendu, page 1103). M. Arago a fait, dans cette séance, l'analyse d'une note très-intéressante, et il en a profité pour étonner l'assemblée, au risque peut-être de s'éloigner de son auteur. M. Arago ne donnait que 1280 mèt. de diamètre au bolide, mais il admettait l'orbite qui le fait tomber auprès de Rennes, et comme on ne l'y a pas rencontré, il disait que Rennes étant près de la côte, on devait supposer que l'astre s'était perdu en mer, ce qui, ajoutait-il, ne change que très-faiblement l'orbite calculée.

et brisait des chaises (1)? Aurais-je écrit que, par la peur de l'é-
clipse de 1842, un chien laissa tomber le pain qu'il dévorait, et
ne le reprit que deux minutes après la fin de l'obscurité totale?
qu'une linote, dans sa frayeur, se donna la mort, sans doute,
en heurtant avec force les barreaux de sa cage? Que des bœufs
se rangèrent, adossés les uns aux' autres, les cornes en avant
(voyez un peu!) comme pour résister à un danger, etc. (2)?
Non; de telles choses étaient hors de mon sujet. D'ailleurs, il
n'y a que vous, Monsieur, qui aimiez assez le merveilleux et
soyez assez sûr de votre talent pour n'y pas regarder à deux
fois avant de les dire, et il n'y a que M. Babinet, si bien entendu en ce qui touche les taches du soleil, qui puisse ne pas
voir que ces billevesées sont des taches dans vos chefs-d'œuvre (3). Mais sur quoi donc était appuyée votre observation?
Je crois qu'au lieu de ces mots : *Avec les physiciens*, vous vouliez
dire : *avec le physicien Arago*, qui n'aurait pu appuyer son as-
sertion, probablement, que sur les objections dont j'ai parlé
dans le P. S. de la page 204. Cela n'est pas plus sérieux que le
bolide, la jeune fille et la linote.

Je reviens à ma narration. Le 17 mai, mon 3ᵉ Mémoire est
offert à l'Académie et il a été distribué à tous les académiciens;
le P. S. qui le termine n'est pas à votre convenance, aussi
prenez-vous la parole. Vous vous plaignez de ce P. S., et vous
exprimez qu'il est tout à fait regrettable qu'on n'ait pas fait le
rapport. Vos paroles font un bon effet; et, en vous écoutant,
on est tenté de se dire : « Combien il est triste que M. Arago ne
» soit pas investi du droit de pousser vivement les commissions!

---

(1) Phénomène dont M. Arago entretenait l'Académie le 16 février dernier.
(V. le compte rendu, page 306.)

(2) Notice de M. Arago sur l'éclipse de 1842. (V. l'*Annuaire du Bureau des lon-
gitudes* de 1846, pages 308 et suiv.)

(3) Dans son mémoire *sur les nuages ignés du soleil* (compte rendu de la séance
du 16 février dernier, page 282), M. Babinet dit : *que personne, sans doute, ne re-
fusera de reconnaître* la notice de M. Arago sur l'éclipse *comme un chef-d'œuvre
de science, d'érudition et de logique*. Je ne le nie pas, mais je voudrais que l'auteur
eût diminué son chef-d'œuvre de quelques pages.

» S'il avait plus d'autorité, on aurait eu ce rapport ; mais, pré-
» sident d'une commission, que peut-il sur le rapporteur ?
» Rien, sans doute, ou presque rien. » Quoi qu'il en soit de
votre autorité, le compte rendu est encore muet.

A la séance du 2 septembre, vous reprenez de nouveau la
parole. Vous avez appris que je suis mécontent; vous demandez,
pour vous personnellement, qu'il soit fait un rapport, apparemment verbal, et M. Babinet promet de faire ce rapport. C'est
un fait assez digne de remarque à l'Académie : le compte rendu
garde le silence.

Je reviens de ma tournée annuelle. Vos paroles ont fait quelque sensation, et l'on me dit que je ne dois pas douter de votre
bon vouloir. Voyons; il m'est facile de le mettre à l'épreuve.

Je présente à la séance du 5 mai 1845, un 4ᵉ Mémoire. Le
président, M. Elie de Beaumont, veut bien me consulter sur la
commission à laquelle il le renverra. Je n'en demande pas une
nouvelle; je ne repousse pas l'ancienne : on renvoie à celle-ci.
Me voilà encore avec vous et M. Babinet.

Il a les pièces et il fera le rapport. Il m'ajourne d'abord, tout
naturellement, après les examens de l'école polytechnique, et
puis de semaine en semaine.

Le 3 novembre je m'adresse à l'Académie. Le compte rendu,
page 1003, porte : « Un des membres de la commission annonce
» que le rapport demandé ne tardera pas à être fait. » Le
temps ensuite s'écoule et rien n'avance. J'écris à M. Babinet, le
31 novembre, et je lui envoie l'ébauche d'un rapport si simple
que, s'il recule, son peu de bonne volonté deviendra manifeste.
Je n'entends rien dire. Le 13 décembre je vous écris, à vous-
même, et je vous exprime combien il serait singulier, après
tout ce que vous avez dit touchant l'utilité d'un rapport, que
ce rapport fût écarté sans que jamais vous ayez assemblé la commission. Ma lettre, à votre retour de Metz, est l'objet d'une
communication mentionnée au compte rendu de la séance du

29 décembre, et peu de jours après, devant la commission enfin convoquée, M. Babinet promet de faire le rapport.

Il me demande quelques entretiens ; je vais chez lui les 18 et 25 janvier. Il a corrigé une seconde ébauche de rapport que je lui ai remise ; elle est terminée par des conclusions très-avantageuses, et, le lendemain 26, la commission assemblée doit l'entendre. Il me dit, le 26, qu'aucun des commissaires n'est venu ; qu'on ne veut pas probablement de rapport, et que vous, Monsieur, vous exigez devant les commissaires un examen pied à pied que lui, M. Babinet, trouve infaisable. J'apprends, séance tenante, que la commission n'a point été convoquée ; je me plains à M. Babinet ; M. Pouillet se trouve témoin de ma plainte ; M. Babinet lui communique son travail, qu'il tient en main ; enfin M. Pouillet adopte le rapport et ses conclusions. J'ai lieu de croire que la commission sera convoquée pour le 4 février. On ne la convoque pas ; mais M. Babinet m'annonce qn'il a vu M. Magendie, et qu'il y a maintenant trois commissaires qui sont d'accord.

De mon côté, j'annonce à M. Babinet que je me trouve suffisamment édifié sur tout ce qui se passe ; que je ne m'occupe plus que de publier une lettre à M. Arago, et que si le rapport est fait à temps, je supprimerai ma lettre.

Vous avouerez que ma patience a été grande. Vous croyez sans doute qu'elle n'est pas à bout ; je suis fâché qu'il soit nécessaire de publier cette lettre pour vous désabuser sur ce point.

D'après cet exposé, Monsieur, vos ennemis, et même des hommes impartiaux, ne pourraient-ils pas croire,

Que vos torts, quant à mes mémoires, au lieu d'être des résultats d'erreurs, sont l'effet de votre manière de comprendre l'Académie, et de combinaisons que vous calculiez ;

Que par ces combinaisons, vous auriez manqué à M. Serres, à la séance du 17 mai 1841, en parlant de telle sorte qu'il a dû croire, en s'adjoignant à la commission, qu'il contribuerait à un rapport utile, tandis que pour vous il s'agissait de créer des obstacles qui empêchassent ce rapport de paraître ;

Que vous avez manqué à M. Magendie en le rayant d'une commission à laquelle il appartenait ;

Que vous avez manqué à M. Sturm en le rayant pareillement de la même commission ;

Que vous avez manqué à M. Babinet en le mettant dans cette commission, à laquelle il n'appartenait pas, et où il lui a été certainement pénible de figurer ;

Que, en ce qui me concerne, vous avez tâché de mettre la lumière sous le boisseau, en abusant des pouvoirs qui vous ont été donnés dans l'intérêt de la science ;

Que vous avez manqué aux savants qui suivent les travaux de l'Académie et qui ne croyent pas qu'il faille distinguer entre vos paroles et vos actes ;

Enfin, que vous avez manqué à l'Académie, qui cesserait de mériter les respects du public si l'esprit de coterie se substituait chez elle au culte de la science ?

Je souhaiterais, Monsieur, que vous voulussiez bien déclarer que si des paroles sorties de votre bouche ont pu déprécier mes ouvrages, vous le regrettez sincèrement.

Je crois même qu'il faudrait, pour vous, quelque chose de plus que cette déclaration. On dit souvent que vous cherchez à dominer l'Académie ; que vous voulez qu'il n'y ait *que vous et vos amis qui puissent y avoir de l'esprit*, et l'on peut penser que je suis, entre les auteurs, un de ceux que vous n'aimez pas. Vous, citoyen de la république des lettres, voudriez-vous, en évitant de vous expliquer et d'avouer pleinement vos torts, justifier contre vous des soupçons d'arbitraire, d'usurpation,

d'absolutisme qui ne sont déjà que trop répandus? C'est à vous
de peser les choses sur ce point.

Sur un autre point, permettez-moi de vous faire une demande
qui est l'un des principaux objets de ma lettre.

Il est clair que, par des circonstances dont l'ensemble ne peut
laisser aucun doute, vous avez mis et mettez encore obstacle à
la lecture du rapport relatif à mon quatrième Mémoire. Il est
clair que cela fait peser sur mon travail des préventions fâ-
cheuses. Il est clair que vous vous devez à vous-même de ne pas
prolonger de pareilles entraves. Or, je ne vous vois que deux
moyens de hâter les choses :

Le premier consiste à signer le rapport, s'il vous paraît bon
et si les conclusions en sont justes ;

Le second, si vous pensez autrement que vos collègues, c'est
d'ajouter, dans un court délai, vos observations à leur avis.

Je veux croire d'ailleurs que ces observations seront dignes de
vous, c'est-à-dire que vous ne chercherez pas, dans un volume
de 400 pages, des points faibles à critiquer, pour vous justifier, tellement quellement, de m'avoir été si constamment
opposé. Je sais qu'il vous est arrivé, sur l'examen de quelqnes
mots d'un livre, de condamner ce livre, *de par l'Arithmétique !*
Je présume que vous ne voulez plus user d'un tel moyen.

Les deux partis que je viens d'indiquer ne vous plaisant ni l'un ni
l'autre, la pensée vous viendra peut-être de quitter la commission
et de la faire quitter à M. Babinet. Ce serait, Monsieur, aban-
donner le poste au moment du combat. Ce serait faire dire que,
après 25 ans d'actes qui empêchaient l'Académie de se prononcer
sur mes recherches, le rapport étant tout préparé, il ne vous
restait qu'un moyen d'arrêter la commission, alors que ma
publication toute prête ne pouvait plus être différée, et que
vous avez eu recours à ce moyen. Ni la science, ni votre dignité
ne vous permettent d'agir ainsi.

Je regrette, après avoir épuisé, en travail, en dépenses, en démarches polies, en demandes respectueuses, plus qu'on ne pouvait exiger de personne, de recourir à la publicité pour obtenir justice de vous. Comme auteur, je proteste contre les actes, difficiles à expliquer, très-certainement fâcheux, et dans tous les cas attentatoires au progrès, par lesquels vous avez entravé les opérations de l'Académie, en ce qui touche la théorie de l'œil. Comme Français, je m'inscris contre la pensée que, de par votre seule volonté, je puisse être obligé, pour cultiver utilement la science, d'adresser mes Mémoires à Londres, à Turin, à Berlin ou à Stockholm, lorsque nous avons un Institut à Paris. Je vous adjure de réparer, autant que vous le pourrez, les résultats de vos fautes envers moi ; je déclare que tout ce qui, à cet égard, sera fait dans l'intérêt de la science me convient ; je déclare que je ne demande aucune indulgence, et j'attends de vous, pour un prompt rapport, le zèle dont vous avez plus d'une fois proclamé l'utilité.

Je suis avec les sentiments d'admiration qui vous sont dus, à beaucoup de titres, par tous les amis de la science,

Monsieur,

Votre très-humble et très-obéissant serviteur,

L. L. VALLÉE.

P. S. Cette lettre, Monsieur, n'est pas pour l'Académie. Des débats où les personnes tiennent plus de place que la science, doivent je crois ne pas troubler ses travaux. Mais je m'adresserai à elle, dans la prochaine séance, pour demander, par une lettre toute simple, qu'elle veuille bien presser mon rapport.

Quelques mots sont nécessaires encore, à l'occasion de ce que vous m'avez dit hier à l'Académie, où vous êtes venu me donner le conseil de voir M. Babinet et de le presser de faire mon rapport. . . . . Vous le pressiez vous-même, disiez-vous. . .

. . . .

Voilà qui doit surprendre. Comment ! votre influence sur le rapporteur aurait besoin de mon aide ? Si ce n'est pas dérision, il faut que le dévouement de **M.** Babinet à votre personne, dévouement dont il s'honore, ait cessé depuis peu. Le rapport, d'ailleurs, n'est-il pas prêt depuis le 26 janvier ? Votre imagination, Monsieur, semble déformer tout ! Si l'état de choses qui existe entre nous se prolongeait, vous pourriez bien rêver, tantôt, que vous persécutez **M.** Babinet en ma faveur, tantôt, que vous êtes mon juge suprême et que vous pouvez me dire : « Pour punition d'aimer la science autrement que je ne l'aime, » je t'attache aux pas de **M.** Babinet ; tu le solliciteras sans cesse ; » il te promettra sans cesse, et tu n'obtiendras jamais rien. »

Tout ce que je puis faire pour vous aider dans la question d'obtenir le rapport, c'est de publier cette lettre. Nous verrons après si l'Académie est assez puissante pour vaincre la résistance de **M.** Babinet. Mais son attention sera appelée sur des abus très-réels, auxquels il faut remédier, afin que personne ne puisse parvenir, en faussant les principes et les usages, à faire de la science métier et marchandise.

9 782329 098111